Grüne Gentechnik. Chancen, Risiken und das Siegel "Ohne Gentechnik"

Naomi Albiez

Bibliografische Information der Deutschen Nationalbibliothek:

Die Deutsche Nationalbibliothek verzeichnet diese Publikation in der Deutschen Nationalbibliografie; detaillierte bibliografische Daten sind im Internet über http://dnb.d-nb.de abrufbar.

ISBN: 9783346637826
Dieses Buch ist auch als E-Book erhältlich.

Fakultät Gartenbau und Lebensmitteltechnologie

Technischer Bericht zur Präsentation in Technischer Kommunikation

<u>Einblick in die grüne Gentechnik</u>

Verfasserin: Naomi Albiez

18. Dezember 2017

INHALTSVERZEICHNIS

1 Einführung in die Themenstellung

„Apropos Gentechnik: Spätestens dann werden Sie merken, dass etwas nicht stimmt,
wenn Sie morgens schlaftrunken in die Küche kommen und Ihnen von Ihren Tomaten
ein fröhliches „Guten Morgen!" entgegenschallt" [3]

Dieses Zitat vom deutschen Satiriker und Journalisten Wolfgang Reus spiegelt die allgemeine Skepsis gegenüber der Gentechnik wieder, jedoch auch die unendlichen Möglichkeiten, die man sich bis heute noch nicht so genau vorstellen kann. Es scheint ein weites Themenfeld zu sein, in dem es strikte Vertreter der unterstützenden und ablehnenden Parteien gibt. Das Interesse der Bevölkerung ist groß, was auch in den Medien wiedergespiegelt wird, denn es vergeht kaum eine Woche ohne neue Berichte oder Statistiken zum Thema Gentechnik. Doch die Meinung der deutschen Bevölkerung ist ziemlich homogen, denn 67% finden es wichtig oder sogar sehr wichtig, dass ihre Lebensmittel gentechnikfrei sind [4], denn langfristige Nebenwirkungen, seien es nun positive oder negative, konnten aufgrund der Neuheit dieses Forschungszweiges noch nicht ermittelt werden. Dabei kommt es aber oft auch europaweit zu der Debatte, wie gut und vor allem was mit welchen Siegeln oder Zertifikaten gekennzeichnet werden muss. Oft werden in der Öffentlichkeit nur die Vorteile oder Nachteile diskutiert, aber nur wenige haben fundiertes Hintergrundwissen, um was es sich bei Genen oder transgenen Pflanzen genau handelt. Man kann also sagen, es herrscht größtenteils ein ungesundes Halbwissen bei Bürgerinnen und Bürgern.

Bei transgenen Lebensmitteln werden aber nicht nur gesundheitliche Aspekte in Frage gestellt, sondern oft geht es auch um die ethische Vertretbarkeit der Eingriffe in die Schöpfung, denn letztendlich wird mit dem Zellkern und den Erbinformationen von allen Lebewesen experimentiert. Dabei wird auch mit menschlichen Genen laboriert, wie zum Beispiel in der „roten Gentechnik", die gentechnische Versuche im Bereich der Medizin umfasst. Dazu zählt die Herstellung von Impfstoffen oder auch Versuche mit Embryonen. Als „weiße Gentechnik" wird die Veränderung von Mikroorganismen in der Industrie bezeichnet. Um das, was es im Folgenden gehen soll, nennt sich „grüne Gentechnik". Sie bezieht sich auf die Landwirtschaft, wobei es vor allem um die Resistenz gegen Schädlinge oder um ertragreiche Pflanzen geht [5].

2 FUNKTIONSWEISE DER NEUEN GENTECHNIK

Bereits im Jahre 1985 entwickelte man erste Verfahren, die in die Erbsubstanz eingriffen (PCR-Verfahren). Bald darauf wurden transgene Pflanzen probeweise freigesetzt und die erste gentechnisch veränderte Tomate kam 1994 auf den Markt [1]. Seitdem sind Jahrzehnte vergangen und es wurden immer neue Methoden gefunden, die mehr Möglichkeiten offenbaren, wie man unter anderem Saatgut optimieren kann. Hinsichtlich der schnellen Abfolge der Neuerungen darf man nicht vergessen, in welch kurzem Zeitraum die Gentechnik und ihre Produkte eingeführt wurden. Dies trägt vermutlich auch zur Skepsis vieler Verbraucher bei, denn allzu viele Erfahrungen konnte man in nur knapp 30 Jahren nicht sammeln. Aber um zumindest die Hintergründe zu verstehen, sollen in diesem Kapitel das Basiswissen zu Genen und das aktuellste Gentechnikverfahren erklärt werden.

2.1 WAS SIND EIGENTLICH GENE?

Jedes Lebewesen auf der Erde trägt verschlüsselte Informationen für bestimmte Eigenschaften in Form von Genen in sich. Dabei handelt es sich zum Beispiel um die Synthese von Proteinen, die Gebissform bei Tieren oder die Blattanordnung bei Pflanzen. Allgemein kann man Genome, also die Einheit aller Gene, auch als Bauanleitung für einen Organismus bezeichnen, denn erst durch die Erbsubstanz weiß die Zelle, welche Funktion sie in der Gesamtheit der körperlichen Prozesse zu erfüllen hat. Gespeichert werden all diese Informationen Steuerungszentrum der Zelle: dem Zellkern [6].

Dort findet man unter anderem die Chromosomen, welche aus je einem DNA-Strang bestehen. DNA steht für Desoxyribonukleinsäure, die wiederum aus den verschiedenen Nukleotid-Basen, sowie Phosphatresten und Zuckermolekülen besteht. In einer Doppelhelix angeordnet bestimmt die Reihenfolge der vier unterschiedlichen Basen Adenin (A), Cytosin (C), Thymin (T) und Guanin (G) den genetischen Code. Sollte ein Abschnitt des DNA-Moleküls verloren gehen, würde es auch zu einem Verlust der darauf enthaltenen Information kommen [1].

Besonders wichtig ist zu wissen, dass der genetische Code universell ist und daher seine Gültigkeit vom Bakterium über die Fichte bis hin zum Königstiger hat. Wenn man nun beachtet, dass ein Teilstück des DNA-Stranges den Bauplan eines Proteins beinhalten kann, könnte man diese Sequenz in die DNA eines anderen Lebewesens einbauen, um dort die Synthese eines bestimmten Proteins anzuregen. Somit ist es zum Beispiel möglich die Produktion von gewissen Hormonen in dem genetisch veränderten Lebewesen zu fördern oder zu hemmen. Dazu sollten sich aber die beiden Organismen ähneln, damit der Stoffwechsel das Protein überhaupt erst erkennen kann. Und das ist der Aspekt, an dem die Gentechnik mit verschiedenen Verfahren ansetzt [1].

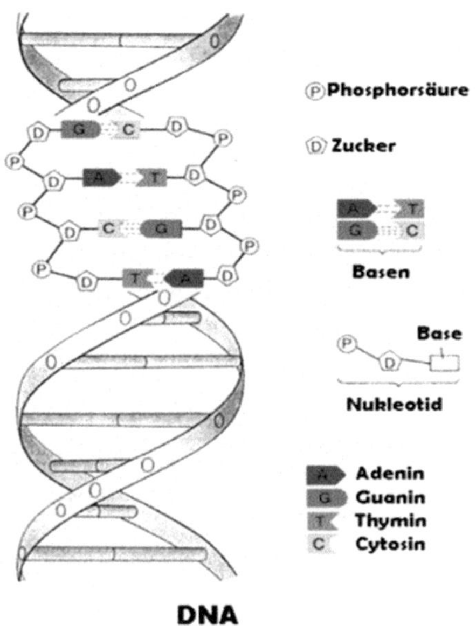

ABB. 1: AUFBAU EINER DNA-DOPPELHELIX [11]

2.2 Das neue „Crispr/Cas9“ Verfahren

In der Wissenschaft wird CRISPR/Cas9 schon als Revolution betitelt, da es wesentlich präziser und kostengünstiger ist als alle Gentechnikverfahren zuvor. Zwei Wissenschaftlerinnen erkannten 2012 das Potenzial des Abwehrmechanismus' eines Bakteriums gegen schädliche Viren und entwickelten daraus eine Methode, um einzelne DNA-Bausteine entfernen, modifizieren oder neu einbauen zu können. Dies gelingt mit Hilfe des CRISPR-Werkzeuges, das aus der GuideRNA und dem Protein Cas9 besteht. Die Funktionsweise lässt sich in drei Schritten zusammenfassen: Finden - Schneiden - Reparieren [7].

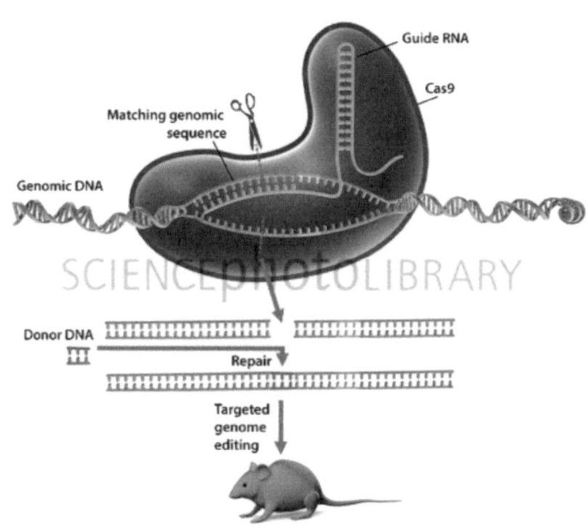

ABB. 2: FUNKTIONSWEISE DES CRISPR/CAS9 VERFAHREN [12]

Zuerst werden CRISPR und die molekulare Schere Cas9 synthetisch hergestellt und in die Zelle eingeführt. Dort sucht die GuideRNA nach dem umzuschreibenden Gen, dessen DNA-Abfolge sie exakt entspricht. Deswegen ist es ausgesprochen unwahrscheinlich, dass die Mutation an einer anderen Stelle des Erbgutes abläuft, weil jede Nukleotid-Basen-Abfolge unterschiedlich ist. Des Weiteren ist es durch die gezielte Suche der GuideRNA möglich, mehrere Genome gleichzeitig zu verändern, was mit früheren

Methoden noch undenkbar war. Nachdem die GuideRNA an der Zielsequenz angedockt ist, schneidet das Cas9 Protein im zweiten Schritt den DNA-Doppelstrang an der gewünschten Sequenz. An diesem Schnitt fügen dann zelleigene Reparatursysteme den Strang mit kleinen Fehlern wieder zusammen. Dadurch kann die Sequenz nicht mehr richtig gelesen werden und wird blockiert. Hat man nun aber ungebundene DNA-Sequenzen in die Zelle injiziert, werden diese Abschnitte bevorzugt in die geschnittene Stelle eingebaut und es kommt zu einer Mutation im Erbgut [7].

Alle Nachkommen der veränderten Pflanze sind editiert und aufgrund der Vererbungsgesetze sind 25% frei von CRISPR-Werkzeugen. Nur mit diesen wird weiter gezüchtet und daher ist ein spezifischer Nachweis dieses Verfahrens im endgültigen Produkt nicht mehr möglich. Dies führt zu der Kontroverse, ob man das Ergebnis nun als gentechnisch veränderten Organismus (GVO) einstufen soll, da das Endprodukt gentechnikfrei ist, aber der Prozess mit gentechnischen Mittel durchgeführt wurde. Auch ist dieser Vorgang gleich der natürlichen Mutation, bei der es auch zu einem Doppelstrangbruch und einer Reparatur mit kleinen Fehlern kommt. Der Unterschied liegt darin, dass beim CRISPR/Cas9 die Veränderung gezielt herbeigeführt wird. Zudem geht man bei der Mutationszüchtung ebenfalls nach dem gleichen Prinzip vor, jedoch wird der Bruch durch Chemikalien oder Bestrahlung herbeigeführt. Letztendlich lässt es sich nicht von der Hand weisen, dass das CRISPR/Cas9 Verfahren eine deutliche Verbesserung gegenüber der klassischen Gentechnik darstellt, denn bis dahin war es reiner Zufall wo das neue Genkonstrukt eingebaut wurde [7].

3 Beispiel für die Zertifizierung von transgenen Lebensmitteln: „Ohne Gentechnik"

Laut der EU-Gesetzgebung ist eine Kennzeichnung nur verpflichtend, wenn transgene Pflanzen direkt zu Lebensmitteln verarbeitet werden. Außerdem müssen Fleisch- und Wurstwaren nicht gekennzeichnet werden, falls die Tiere mit gentechnisch verändertem Futter gefüttert wurden. Um diese Informationslücke zu schließen, beschloss 1998 die Bundesrepublik Deutschlands, vertreten durch das Bundesministerium für Ernährung und Landwirtschaft und dessen Bundesminister, eine Positivkennzeichnung in Form des „Ohne Gentechnik"-Durchführungsgesetz, die Überwachung erfolgt jedoch durch die Lebensmittelüberwachungsbehörden der einzelnen Bundesländer. Ein Verstoß kann mit einer Freiheitsstrafe bis zu einem Jahr oder einer Geldstrafe geahndet werden. Mittlerweilen gibt es auf dem deutschen Markt über 7000 Lebensmittel, deren Hersteller freiwillig den Antrag für die Zertifizierung gestellt haben [8].

ABB.3: POSITIVKENNZEICHNUNG „OHNE GENTECHNIK" [13]

Die Voraussetzungen an ein Unternehmen, dass sein Produkt kennzeichnen möchte, werden von dem Verband Lebensmittel ohne Gentechnik (VLOG) folgendermaßen formuliert: „Lebensmittel mit dieser Kennzeichnung dürfen weder selbst genetisch veränderte Organismen (GVO) sein, noch diese enthalten oder daraus hergestellt werden. Bei der Herstellung dürfen außerdem keine durch GVO produzierten Komponenten verwendet worden sein." [9] Dies lässt sich auch aus Abbildung 4 ablesen, wobei man erkennen kann, dass weiße Gentechnik, wie Enzyme oder Vitamine in Futtermitteln erlaubt ist. Außerdem kann eine Minimalverunreinigung durch Pollen einer konventionell angebauten Pflanze nicht verhindert werden, was durch die Einführung eines Schwellenwertes von 0,9% berücksichtigt wurde. [2]

Ein weiterer Punkt, über den Verbraucher Bescheid wissen sollten, ist die Umstellungsfrist bei Futtermitteln. Um den Landwirten einen Anreiz auf die gentechnikfreie Fütterung zu schaffen, muss der Tierbestand nicht lebenslang, sondern nur über einen bestimmten Zeitraum ohne transgene Futtermittel gefüttert worden sein. So beträgt die Frist bei Schweinen 4 Monate und bei Geflügel für die Eiererzeugung nur 6 Wochen. Wären die Hürden höher, würde die Gefahr bestehen, dass viele Lebensmittelhersteller eine Umstellung gar nicht in Betracht ziehen würden und die „Ohne Gentechnik"-Produktion würde gar nicht erst in Schwung kommen [9].

ABB. 3: BEDEUTUNG DER KENNZEICHNUNG „OHNE GENTECHNIK" [14]

Somit ist ein Produkt mit dem Siegel nicht hundertprozentig frei von Gentechnik, obwohl die verallgemeinernde Formulierung „Ohne Gentechnik" den Verbraucher darauf schließen lassen könnte. Sollten sich in Zukunft mehr Käufer für gentechnikfreie Lebensmittel entscheiden, würde der Markt dafür deutlich wachsen und es könnte eine vielfältigere Zertifizierung eingeführt werden. Man darf aber nicht außer Acht lassen, dass es ein „wichtiger Schritt in Richtung Transparenz, Produktwahrheit und Verbraucherinformation" [1] ist.

4 ZUKUNFTSNAHE CHANCEN

Es gibt viel Kritik an gentechnischen Verfahren und einiges mag berechtigt sein, doch man darf nicht vergessen, welche Möglichkeiten sich daraus entwickeln können. Auch waren viele Menschen skeptisch gegenüber den ersten Computern eingestellt, doch heutzutage ist die Nutzung zu einer Normalität geworden und dies könnte ebenso bei gentechnisch veränderten Organismen der Fall werden. Der Traum die ganze Weltbevölkerung durch transgene Lebensmittel zu ernähren, ist zum jetzigen Zeitpunkt noch utopisch und wie bereits erwähnt, konnten langfristige Studien noch nicht durchgeführt werden, jedoch kann die Gentechnik, wenn man sie richtig und in Maßen einsetzt, heute schon Vorteile im Alltag und in der Wirtschaft bringen.

4.1 VORTEILE IM PFLANZENANBAU

Eines der höchsten Ziele der Gentechnikforschung sind Resistenzen, die durch genetische Eigenschaften die Pflanzen widerstandsfähiger gegenüber Schädigung machen sollen. Dazu gehören beispielsweise eine Insektenresistenz oder Virusresistenz. Bei der Herbizidresistenz, also der Widerstandsfähigkeit gegenüber Unkrautbekämpfungsmitteln, sollen alle anderen Pflanzen auf dem Feld dezimiert werden, ohne die Ernte zu schädigen. Die Pestizidwirkstoffe können die angebaute Pflanze nicht mehr angreifen, woraufhin sie verstärkt auf das vorhandene Unkraut einwirken. Durch den Einbau eines Gens des Bakteriums Bacillus-thuringiensis kann eine Schädlingsresistenz generiert werden. Das Bakterium produziert sein eigenes Gift zur Abwehr von Fraß Schädlingen, was auf den sogenannten Bt-Mais übertragen wurde, damit dieser sein eigenes Pestizid herstellt, um Schädlinge eliminieren zu können [1].

Alle diese Resistenzen haben nun den Vorteil, dass der Landwirt Schädlingsbekämpfungsmittel einsparen kann und des Weiteren benötigt man weniger Spritzfahrten, was die Betriebskosten des Fuhrparks vermindert und somit den Gewinn des Bauern erhöht. Aber auch in ökologischer Hinsicht bringen gentechnische Resistenzen Vorteile, denn das Grundwasser wird weniger verunreinigt und der Boden wird durch gelegentlicheres Befahren nicht mehr so stark beschädigt [1].

4.2 Veränderung der Inhaltsstoffe

Bei Pflanzen „zweiter Generation" möchte man durch Veränderung der Pflanzeninhaltsstoffe eine Verbesserung der Qualität erzielen. Dies äußert sich durch eine Erhöhung der ernährungsphysiologisch wertvollen Substanzen wie Aminosäuren oder eine längere Haltbarkeit. [1] Zum Beispiel soll Raps gentechnisch so verändert werden, dass er wertvolle Fette liefert, die vom menschlichen Organismus besser verarbeitet werden [1]. Aber auch bei der Sensorik oder ästhetischen Aspekten können Veränderungen vorgenommen werden. Verlängert man den Reifeprozess einer Frucht, können sich mehr Geschmacksstoffe ansammeln, was letztendlich zu einem intensiveren Geschmack führt. Doch auch aus gesundheitlicher Sicht lassen sich Nahrungsmittel optimieren. Man kann antinutritive Inhaltsstoffe verringern oder gar ganz entfernen, was bei Unverdaulichkeiten bestimmter Spurenelemente hilft. Es wird auch schon an der Reduzierung des Koffeingehalts in der Kaffeebohne geforscht [10].

Im Bereich der Nutrazeutika lässt sich gut erkennen, wie weit man zwei Bereiche miteinander vereinen kann, um dem Verbraucher das Leben noch leichter zu gestalten. Denn der Begriff Nutrazeutika setzt sich den englischen Wörtern für „Ernährung" und „Medikament" zusammen. Gemeint sind damit Nahrungsmittel, in die medizinische oder gesundheitliche Vorteile eingebaut wurden. Allgemein sind das Nahrungsergänzungsmittel oder medizinische Nahrungsmittel, doch ein konkretes Beispiel ist ein Zuckerriegel, der 1998 in den USA auf den Markt kam. Dieser enthielt mehr Serotonin, das Wohlfühlhormon des Menschen, als üblich und es wurde versprochen, dass er zu einer Linderung des prämenstruellen Syndroms führt. Inwiefern dies der Wahrheit entspricht, bleibt für den Käufer genauso offen wie bei jedem anderen Werbeversprechen [1].

5 Objektiv betrachtete Risiken

Die öffentliche Debatte um gentechnische Verfahren bringt viele Fakten und Halbwahrheiten mit sich, doch es gibt berechtigte Bedenken gegenüber den möglichen Auswirkungen. Die Besorgnis der Bürger rührt von einer geringen Informationsdichte her, denn vor allem Langzeitstudien sind rar. Aber auch die unklare Kennzeichnung der Produkte lässt die Skepsis wachsen. Doch noch nicht einmal Wissenschaftler können die Komplexität der molekularen Strukturen komplett erfassen, daher liegt es nahe, dass Nebenwirkungen in ihrer Gesamtheit einfach noch nicht erkannt werden können. Trotzdem dürfen mögliche Risiken nicht aus Profitgier von den großen Unternehmen geheim gehalten werden, denn der Verbraucher hat ein Recht darauf zu erfahren, was bei Konsum eines bestimmten Produkts passieren kann.

5.1 Nachteilige Wirkungen auf den menschlichen Organismus

Der Konsum von Lebensmitteln wirkt sich direkt auf die Gesundheit des Menschen aus, daher ist es wichtig die Zusammensetzung der Inhaltsstoffe zu verstehen. Durch gentechnische Verfahren kann es zu unbeabsichtigten Wechselwirkungen von Stoffen kommen, die eine toxische Reaktion hervorrufen. Das Einführen eines Gens kann somit nicht nur die gewünschte Eigenschaft mit sich bringen, sondern auch andere Merkmal unbemerkt beeinflussen. Theoretisch besteht auch die Möglichkeit einer allergenen Wirkung, denn eine Allergie ist eine überempfindliche Reaktion des menschlichen Immunsystems auf körperfremde Substanzen. Ein Gesundheitsrisiko besteht dann, wenn durch eine gentechnische Methode ein Allergen auf eine bisher verträgliche Pflanze gebracht wird. Der Großteil aller Lebensmittelallergien gehen auf Sojabohnen, Nüsse und Fisch zurück. Bisher gab es aber noch keine allergische Reaktion auf ein auf dem Markt befindliches Produkt, dennoch besteht die Wahrscheinlichkeit. Insgesamt lässt sich aber zusammenfassen, dass das Risikopotential bei marktreifen Produkten sehr gering ist, da vor einer Zulassung hohe Sicherheitshürden überwunden werden müssen [2].

5.2 Unkontrollierbare Auswirkungen auf die Umwelt

In unserem Ökosystem herrschen komplexe Wechselwirkungen zwischen allen Organismen, daher können gentechnische Pflanzen den konventionellen Pflanzenbau beeinflussen. Durch den ökologischen Vorteil der GVO kann es zu einer unkontrollierten Ausbreitung und Überwucherung herkömmlicher Pflanzen kommen. Des Weiteren besteht die Möglichkeit zur Kreuzung und Hybridisierung mit anderen Kulturpflanzen durch natürliche Faktoren wie den Pollenflug oder die Bestäubung durch Insekten. Dies kann zu einem finanziellen Schaden für den Landwirt führen, denn ab einem bestimmten Gentechnik-Wert in den Endprodukten werden diese kennzeichnungspflichtig und die Kosten für die Untersuchungen trägt der Bauer selbst. Zum präventiven Schutz muss eine Isolierdistanz von bis zu 300m eingehalten werden. Aber auch Tiere können unter der gentechnischen Veränderung, wie zum Beispiel der Insektenresistenz leiden. Eigentlich zielt eine Resistenz nur auf die Schädlinge einer Pflanze ab, doch auch harmlose Insekten reagieren auf das Gift. So sind Bt-Maispollen nicht nur toxisch für den schädlichen Maiszünsler, sondern auch für die harmlosen Monarchfalter Raupen. Doch auch in Bezug auf die Umwelt ist das Risikopotential als gering einzuschätzen, denn mögliche toxische Auswirkungen werden vor einer Freisetzung in die Natur in mehreren strengen Testdurchläufen ausgeschlossen [2].

6 FAZIT

Die gesellschaftliche Debatte um gentechnische Verfahren wird meist emotional geführt, doch die Fakten im Laufe der Recherche konnten belegen, dass Risiken in gewissen Maßen vorhanden sind, aber durch präventive Untersuchungen und Kontrollen sehr gering gehalten werden. Allgemein geht von allen neuen Lebensmitteln eine Gefahr aus und dabei spielt es keine Rolle, ob diese gentechnisch verändert wurden oder einen natürlichen Ursprung haben. Mögliche Nebenwirkungen müssen bei jedem Einzelfall kritisch untersucht werden, bevor es zu einer Zulassung kommt. Ein wichtiger Aspekt, an dem in Zukunft gearbeitet werden muss ist die Kennzeichnung der Produkte und die Informationen die an die Bürger weitergegeben werden. Als Verbraucher muss man deutlich erkennen, woher welcher Inhaltsstoff stammt und ob er gentechnisch verändert wurde, denn letztendlich hat es jeder selbst zu entscheiden, ob man GVO konsumieren möchte oder nicht. Um die Debatte vor allem in den Medien etwas sachlicher gestalten, sollte das Volk besser über Fakten informiert werden und dies könnte bereits in der Schule passieren. Denn die Gentechnik bringt viele Chancen mit sich, wenn man sie bewusst und in Maßen einsetzt. Hält man das Risikopotential weiterhin so gering, werden alle in Zukunft davon profitieren.

7 QUELLENVERZEICHNIS

7.1 BUCHQUELLEN

[1] *Engelbert M., Ulmer S.*, 1999: Gentechnik in Lebensmitteln, Rowohlt Taschenbuch Verlag GmbH, Reinbek bei Hamburg

[2] *Niermann J.*, 2011: Gefahr grüne Gentechnik?, Fraunhofer Verlag, Stuttgart

7.2 INTERNETQUELLEN

[3] Aphorismen zum Thema Gentechnik. URL: https://www.aphorismen.de/zitat/70676 (Zugriff am 10.12.2017)

[4] Bundesministerium für Ernährung und Landwirtschaft online. URL: https://www.bmel.de/DE/Presse/Infografiken/TNS-Umfage-Dez2014/TNS-Umfrage-Dez2014_node.html (Zugriff am 10.12.2017)

[5] Thüringer Ökoherz online. URL: http://www.oekoherz.de/index.php?id=80#c394 (Zugriff am 10.12.2017)

[6] Was ist Was Archiv. URL: https://www.wasistwas.de/archiv-wissenschaft-details/was-sind-gene.html (Zugriff am 10.12.2017)

[7] Transparenz Gentechnik. URL: http://www.transgen.de/forschung/2564.crispr-genome-editing-pflanzen.html (Zugriff am 10.12.2017)

[8] Verband Lebensmittel ohne Gentechnik. URL: http://www.ohnegentechnik.org (Zugriff am 10.12.2017)

[9] FAQ des Verbands Lebensmittel ohne Gentechnik. URL: http://www.ohnegentechnik.org/faq/zur-ohne-gentechnik-kennzeichnung/ (Zugriff am 10.12.2017)

[10] Spektrum Gentechnik & Lebensmittel. URL: http://www.spektrum.de/lexikon/ernaehrung/gentechnik-und-lebensmittel/3404 (Zugriff am 11.12.2017)

[11] Aufbau des Chromosoms und der DNA. URL: https://www.tgg-leer.de/projekte/genetik/dna2/dna2.html (Zugriff am 09.12.2017)

[12] Science Photo Library. URL: http://www.sciencephoto.com/media/725066/view (Zugriff am 10.12.2017)

[13] Website des BMEL. URL:
https://www.bmel.de/DE/Ernaehrung/Kennzeichnung/OhneGentechnik/_Texte/OhneGen
technikKennzeichnung.html (Zugriff am 09.12.2017)

[14] Transparenz Gentechnik. URL: http://www.transgen.de/recht/499.lebensmittel-ohne-
gentechnik.html (Zugriff am 09.12.2017)

8 ABBILDUNGSVERZEICHNIS